BEI GRIN MACHT SICH IHR WISSEN BEZAHLT

- Wir veröffentlichen Ihre Hausarbeit,
  Bachelor- und Masterarbeit

- Ihr eigenes eBook und Buch -
  weltweit in allen wichtigen Shops

- Verdienen Sie an jedem Verkauf

Jetzt bei www.GRIN.com hochladen
und kostenlos publizieren

Bibliografische Information der Deutschen Nationalbibliothek:

Die Deutsche Bibliothek verzeichnet diese Publikation in der Deutschen National-bibliografie; detaillierte bibliografische Daten sind im Internet über http://dnb.d-nb.de/ abrufbar.

Impressum:

Copyright © 2006 GRIN Verlag, Open Publishing GmbH
Druck und Bindung: Books on Demand GmbH, Norderstedt Germany
ISBN: 9783638793155

Dieses Buch bei GRIN:

http://www.grin.com/de/e-book/63934/lehrplananalyse-nordrhein-westfalen-stel-lenwert-topographischer-inhalte

Marco Grees

Lehrplananalyse Nordrhein-Westfalen - Stellenwert topographischer Inhalte innerhalb der Sekundarstufen I und II

GRIN Verlag

GRIN - Your knowledge has value

Der GRIN Verlag publiziert seit 1998 wissenschaftliche Arbeiten von Studenten, Hochschullehrern und anderen Akademikern als eBook und gedrucktes Buch. Die Verlagswebsite www.grin.com ist die ideale Plattform zur Veröffentlichung von Hausarbeiten, Abschlussarbeiten, wissenschaftlichen Aufsätzen, Dissertationen und Fachbüchern.

Besuchen Sie uns im Internet:

http://www.grin.com/

http://www.facebook.com/grincom

http://www.twitter.com/grin_com

Westfälische – Wilhelms – Universität Münster

Institut für Didaktik der Geographie

Hauptseminar: Orientierungskompetenz und Topographie

Zeitraum: WS 2005/2006

Lehrplananalyse NRW: Stellenwert topographischer Inhalte innerhalb der Sekundarstufen I und II

Bearbeitet von:

Marco Grees

Lehramt SII: Geographie und Mathematik

Inhalt

Abbildungs- und Tabellenverzeichnis

1   Einleitung

1.1   Fragestellung und Ziel der Arbeit

Die in dieser Arbeit fokussierte Thematik beschäftigt sich mit der Analyse der nordrhein-westfälischen Lehrpläne für die Sekundarstufen des Gymnasiums bzw. der Gesamtschule. Diese Analyse hat zum Ziel, den Stellenwert topographischer Elemente bestimmen zu können, indem eine präzise Auflistung relevanter Inhalte und Themen innerhalb der Lehrpläne erarbeitet wird.

Da topographische Kenntnisse und Fähigkeiten, also das Verständnis von Topographie, in den Lehrplänen in der Formulierung „Fähigkeit zur Orientierung" ausgedrückt wird (vgl. KIRCHBERG 1984), sollen unter dieser Formulierung die Lehrpläne Erdkunde Sek. I und Sek. II Gymnasium untersucht werden, so dass eine Einschätzung erfolgen kann, inwiefern die „Räumliche Orientierungskompetenz" den Schülern vermittelt wird.

1.2   Motivation und Aufbau der Arbeit

Im Verlauf der letzten Jahre, besonders mit dem Aufkommen der Online-Routenplaner und mobilen Navigationssysteme, stellt sich die alte Frage des Geographieunterrichtes, welches topographisches Orientierungswissen ein Schüler haben sollte. Trotz des ‚Alters' dieser Frage, gibt es bezüglich des topographischen Wissensbestandes bislang keinen allgemeingültigen verbindlichen Kanon. Es erscheint sinnvoll, dass ein Schüler ein Mindestwissen benötigt, aber auch vielmehr eine Kompetenz erlernen sollte, mit der er analoge und digitale Karten anwenden, bewerten und herstellen kann.

Eine Antwort auf diese Frage im Hinblick auf das Mindestwissen gibt BIRKENHAUER, indem er Karten für Deutschland, Europa, Afrika, Nord- und Südamerika vorgibt (vgl. BIRKENHAUER 1996, S.38ff). Seine Auswahl stützte er dabei auf acht Leitvorstellungen, so dass seine Deutschlandkarte, als Beispiel, 74 topographische Begriffe umfasst.

Mithilfe eines empirischen Zugriffs stellen HEMMER et al. 2005 eine Deutschlandkarte[1] mit topographischem Mindestwissen vor, das aus Sicht von 284 gesellschaftlichen Spitzenrepräsentanten und Geographieexperten per Fragebogen ermittelt wurde (vgl. HEMMER et al. 2005, S.47). Diese beiden Karten mit unterschiedlichen Zugriffen decken sich weitgehend.

Es stellt sich nun die Frage, inwiefern dieses Wissen durch den Unterricht bereit gestellt werden kann und weitere topographische Inhalte und Kompetenzen (etwa Karten objektiv bewerten können etc.) vermittelt werden können.

Um diese Frage zu beantworten, sollen im Rahmen dieser Arbeit die Lehrpläne Erdkunde Sek. I und Sek. II des Gymnasiums in NRW auf topographischen Inhalt untersucht werden. Vorbereitend auf diese Analyse erfolgt die Darstellung des Kompetenzbereiches ‚Räumliche Orientierung', welcher im Zuge der nationalen Bildungsstandards für Geographie erarbeitet wurde. In diesem Bereich nimmt das topographische Wissen eine von vier Dimensionen ein.

2 Topographische Inhalte des Geographieunterrichts

2.1 Die Räumliche Orientierungskompetenz innerhalb der nationalen Bildungsstandards

Auf Grund ihrer originär geographischen Fundierung und ihrer gesellschaftlichen Relevanz wird der räumlichen Orientierungskompetenz innerhalb der nationalen Bildungsstandards ein eigener Kompetenzbereich zugewiesen (vgl. HEMMER 2005, S. 2).

Diese räumliche Orientierungskompetenz ist mit topographischen Inhalten insofern verbunden, dass sich „topographische Kenntnisse und Fähigkeiten[, also das Verständnis von Topographie,] (...) in dem Vermögen [äußern], sich räumlich orientieren zu können" (KIRCHBERG 1984, S. 6f; verändert). Damit zeigt sich, dass,

---

[1] Diese Karte ‚Deutschland – Topographisches Mindestwissen' findet der Leser im Anhang, S.18.

2

unter anderem, topographische Kenntnisse und Fähigkeiten unter dem Kompetenzbereich der ‚Räumlichen Orientierung' subsumiert werden.

Mit dem Ziel der räumlichen Orientierungskompetenz vermittelt der Geographieunterricht somit grundlegende alltagsrelevante topographische Kenntnisse und Fähigkeiten. Diese Kompetenz baut sich jedoch dabei auf vier Säulen auf, die HEMMER 2005 in Anlehnung an KIRCHBERG 1980 und KROß 1995 auf dem 55. DGT präsentierte (vgl. Abb. 1).

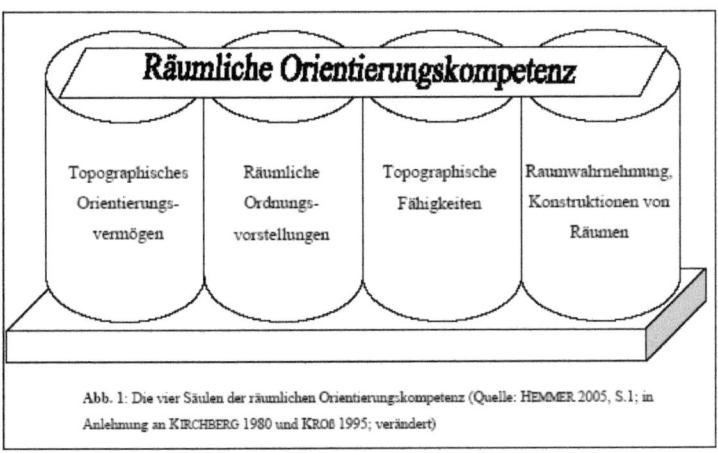

Abb. 1: Die vier Säulen der räumlichen Orientierungskompetenz (Quelle: HEMMER 2005, S.1; in Anlehnung an KIRCHBERG 1980 und KROß 1995; verändert)

Topographische Kenntnisse, bzw. topographisches Orientierungswissen, sowie topographische Fähigkeiten, etwa Kartenkompetenz, stützen hierbei die räumliche Orientierungskompetenz, aber auch räumliche Ordnungsvorstellungen und Raumwahrnehmung/Konstruktionen von Räumen stellen zwei wichtige Säulen dar.

„Neben der hohen Alltagsrelevanz liefert im schulischen Aktionsraum insbesondere die Kartenkompetenz eine methodische Basisqualifikation für zahlreiche andere Unterrichtsfächer" (HEMMER 2005, S.2).

Auf Grund dieser Besonderheit von topographischen Fähigkeiten wie der Kartenkompetenz stellten HÜTTERMANN und KIRCHNER 2005 heraus, welche Aspekte hierbei im Vordergrund stehen. Diese sind:

Karten auswerten, Karten bewerten und Karten herstellen können (vgl. Abb. 2).

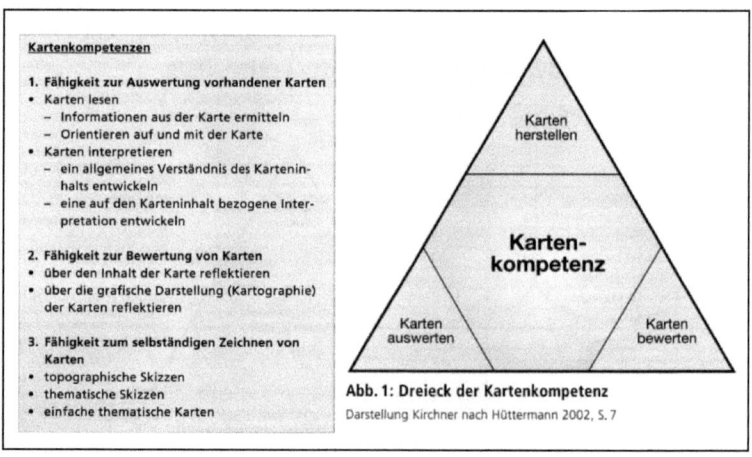

Abb. 2: Kartenkompetenzen und Dreieck der Kartenkompetenz
(Quelle: HÜTTERMANN 2005, S. 7 und KIRCHNER 2005, S.9)

Zurückgreifend auf die vier Säulen der räumlichen Orientierung, geht es bei der Vermittlung von räumlichen Ordnungsvorstellungen darum, dass Schüler verschiedene räumliche Orientierungsraster und Ordnungssysteme (z.B. das Gradnetz der Erde, ökozonale, ökonomische, politische und religiöse Gliederung der Erde) kennen lernen und nutzen können.

Die Säule ‚Raumwahrnehmung und Konstruktionen von Räumen' steht für die Bewusstseinsbildung für die Relativität von Raumwahrnehmungen und der nichtobjektiven, individuellen Raumkonstruktion.

Ziele des eigenen Kompetenzbereiches ‚Räumliche Orientierung' innerhalb der nationalen Bildungsstandards sind resümiert somit:

- Kenntnis grundlegender topographischer Wissensbestände,

- Fähigkeit zur Einordnung geographischer Gegenstände und Sachverhalte in räumlichen Ordnungssystemen,

- Fähigkeit zu einem angemessenen Umgang mit Karten (Kartenkompetenz),

- Fähigkeit zur Orientierung in Realräumen und

- Fähigkeit zur Reflexion von Raumwahrnehmung und –konstruktion.

2.2 Topographische Inhalte in den Lehrplänen NRW (Gym/Ges)

Wie unter 2.1 gesehen, vermag der Geographieunterricht im Sinne der nationalen Bildungsstandards mit Hilfe topographischer Inhalte den Schülern die räumliche Orientierungskompetenz zu vermitteln. An dieser Stelle kommt die Frage auf, inwieweit diese denn der Lehrplan beinhaltet bzw. zulässt. Es erfolgt daher die differenzierte Analyse der einzelnen Säulen im Kontext der Sek. I und Sek. II.

2.2.1 Sekundarstufe I

In den Aufgaben und Zielen des Faches Erdkunde beinhaltet die raumbezogene Handlungskompetenz allerlei Kenntnisse und Fähigkeiten von Topographie in der Formulierung „Fähigkeit zur Orientierung": „Raumbezogene Handlungskompetenz ist nicht ohne topographisches Grundlagenwissen zu erreichen. Es ist eine notwendige Voraussetzung zur Orientierung und damit unerlässlich für die unterrichtliche Arbeit im Fach Erdkunde. Auch ist es eine Hilfe für andere Fächer und vor allem für Verwendungssituationen im privaten, beruflichen und öffentlichen

Leben. **Insofern stellt die Fähigkeit zur räumlichen Orientierung eine <u>wichtige</u> Kulturtechnik dar**" (Lehrplan SI, 33).

Diese Aussage lässt erkennen, dass die räumliche Orientierungskompetenz eine wesentliche Rolle einnimmt.

In den verbindlichen Inhaltsbereichen des Faches Erdkunde lässt sich eine Verschränkung der Lernfelder mit den fachlichen Erschließungsdimensionen finden. Innerhalb dieser Lernfelder sind denkbar zahlreiche Optionen möglich, mit denen die Lehrkraft, je nach Ermessen, die Raumorientierung und –wahrnehmung fördern kann (vgl. Abb. 3).

Abb. 2: Verbindliche Inhaltsbereiche   Lehrplan Seite 50

Fachliche Erschließungsdimensionen / Lernfelder	Raumorientierung / Raumwahrnehmung			
	Raumausstattung	Raumverflechtung	Raumbelastung	Raumgestaltung
Natur	Geofaktoren	zonale, azonale Geosysteme	Eingriffe in den Landschaftshaushalt	Naturschutz, Landschaftspflege
Ressourcen	Geopotentiale	Verfügbarkeit, Austausch von Ressourcen	Grenzen des Wachstums, Landschaftsschäden	Gewinnung, Verwendung, Schutz von Ressourcen
Arbeit	Standortgegebenheiten, Nutzungsmuster	regionale Arbeitsteilung	Ökonomie-Ökologie-Konflikte	Wirtschaftsstrukturmaßnahmen
Versorgung/Konsum/Entsorgung	Infrastruktur, Märkte	Stadt – Umland – Beziehungen, Zentralität, Importe/Exporte	Grenzen der Tragfähigkeit, Flächennutzungskonkurrenzen	Raumordnungskonzepte
Freizeit	Freizeitpotential	Quell- und Zielgebiete von Reisenden	Massentourismus	Wirtschaftsfaktor Fremdenverkehr, sanfter Tourismus
Zusammenleben	Bevölkerungsverteilung, Siedlungsstrukturen	funktionale, sozialräumliche Gliederung, Migration	regionale Disparitäten, Bevölkerungsdruck, Ballung – Entleerung	Bevölkerungspolitik, Stadt-, Regionalplanung
Völker und Kulturen	Spezifische Lebens-, Wirtschaftsformen	kulturelle Beeinflussungen	Integrations-, Autonomiekonflikte	Völkerverständigung
Staaten/Internationale Beziehungen	Strukturen von Ländern unterschiedlichen Entwicklungsstandes	(Welt)wirtschaftliche Zusammenarbeit, – Zusammenschlüsse	Grenzziehungen, Grenzkonflikte, Verteilungsprobleme	Raumentwicklungskonzepte in unterschiedlichen Systemen. Überwindung von Grenzen

Abb. 3: Verbindliche Inhaltsbereiche im Lehrplan Erdkunde Gymnasium
(Quelle: LEHRPLAN S1, S. 50)

Zu den fachlichen Erschließungsdimensionen wird erwähnt:

„Raumwahrnehmungen müssen nicht nur bewusstgemacht, sondern im Sinne von **Raumorientierung** auch zueinander **in Beziehung** gesetzt werden. Die **Raumorientierung** ermöglicht es erst, sich in der Welt zurechtzufinden, sich in ihr einzurichten und die vielfältigen schulischen und außerschulischen Wahrnehmungen einzuordnen.

Diese **Fähigkeit zur Orientierung** ist eine Grundvoraussetzung jeglichen raumbezogenen Denkens und Handelns. Sie stellt eine umfassende **lebenswichtige Kulturtechnik** dar, welche die allgemeine Urteilsfähigkeit fördert. Deshalb muss der Aufbau von Orientierungsrastern durchgängiges Prinzip des Erdkundeunterrichts sein" (Lehrplan S1, S.46). Hierdurch wird deutlich, dass die Raumorientierung und somit das **topographische Orientierungsvermögen** im Sinne der ersten Säule (vgl. S.3) eine entscheidende Rolle des Geographieunterrichts einnimmt.

Diese topographische Orientierung im Fach Erdkunde versteht sich so: **„Raumbezogene Handlungskompetenz ist ohne topographisches Grundlagenwissen nicht erreichbar. Unverzichtbarer Bestandteil der Raumorientierung sind Kenntnisse über die Lage von räumlichen Objekten und Phänomenen und deren Distanzen zueinander.**

Die drei konstituierenden Merkmale von topographischer Information sind der Name des Objektes, seine Lage und nähere Angaben zu seiner Qualität, zum Beispiel:
- Duisburg: Im Ruhrgebiet: Industriestadt (z. B. im Jahrgang 5)
- Amazonien: In Brasilien: Tropisches Regenwaldgebiet (z. B. im Jahrgang 7/8)
- Bangladesh: In Südasien: Entwicklungsland (z. B. im Jahrgang 7/8)

Durch solche konstituierenden Merkmale werden topographische Kenntnisse über die im Unterricht behandelten Raumbeispiele - gleich ob es sich um Orte, Regionen oder Länder handelt - im Gedächtnis gespeichert. Solche **topographischen Kenntnisse** gewinnen allerdings nur dann eine Funktion zur Orientierung, wenn sie mit größeren Sinn- und Sachzusammenhängen **verbunden** werden. Denn die Verankerung in einem thematischen Beziehungsgeflecht macht die topographischen Kenntnisse leichter erinnerbar und damit auch leichter abrufbar. Sie erlaubt auch eine selbständige Verdichtung und Anreicherung durch neue topographische Informationen, die die Schülerinnen und Schüler beispielsweise über die Medien erfahren. Außerdem wird auf diese Weise eine Isolierung der behandelten Raumbeispiele vermieden und das Denken in räumlichen Verflechtungsgefügen gefördert.

Es geht also **vorrangig** darum, **themengebundene Orientierung** zu vermitteln. Dabei liefert das für ein Thema ausgewählte Raumbeispiel erste topographische Kenntnisse. Diese werden ergänzt durch weitere wichtige topographische Kenntnisse zu demselben Thema. Diese Ergänzung erfolgt nach Möglichkeit unter Rückgriff auf schon bearbeitete Raumbeispiele, die eventuell unter einem anderen Thema behandelt wurden. In der Beispiel-Sequenz der Jahrgangsstufe 5 wäre dies wie folgt möglich: Industriestadt Duisburg im Industrieraum Rhein-Ruhr, könnte ergänzt werden durch: Industrieraum Leipzig (Raumbeispiel Leipzig ist demselben Themenfeld, aber einem anderen Thema zugeordnet), neu hinzu könnte kommen: Industrieraum Rhein-Main. Aus allen diesen topographischen Kenntnissen ergibt sich ein **Orientierungswissen** über wichtige Industrie- und Verdichtungsräume in Mitteleuropa.

Für diese Art themengebundener Orientierung wurde die Bezeichnung **topographische Verflechtung** gewählt. Alle topographischen Verflechtungen stellen eine Verbindung zwischen themengebundenen Einsichten und topographischen Kenntnissen her. Sie durchziehen die gesamte Sekundarstufe 1 und leisten einen unverzichtbaren Beitrag zum schrittweisen Aufbau einer gedanklich geordneten topographischen Vorstellungswelt. Deshalb sind sie **obligatorisch.** Sie werden in Anlehnung an wichtige obligatorische Themen der jeweiligen Themenfelder bestimmt und liegen auf verschiedenen Maßstabsebenen je nach Raumanbindung in den jeweiligen Jahrgangsstufen (Deutschland mit Ausblicken auf Europa in Jahrgangsstufe 5, Außereuropa in der Doppeljahrgangsstufe 7/8, Europa in Jahrgangsstufe 9).

Gebiet	Lage	Qualitatives Merkmal	Jahrgang
Duisburg	Westl. Ruhrgebiet	Industriestadt	5
Leipzig	NW - Sachsen	Industrieraum	5
Amazonien	Brasilien	Tropisches Regenwaldgebiet	7/8
Kongobecken	Äquat. Westafrika	Trop. Regenwald	7/8
Bangladesh	Südasien	Entwicklungsland	7/8
Tschad	Nordafrika	Entwicklungsland	7/8

Tab. 1: Beispielhafte topographische Verflechtungen in der Sek. I
(Quelle: Eigene Darstellung in Anlehnung des LP SI, S.60)

Mit den topographischen Verflechtungen ist kein alle Räume abdeckendes, enzyklopädisch verstandenes Kontinuurn zu erreichen. Sie sind auch nicht Selbstzweck und dürfen deshalb keine isolierten Unterrichtseinheiten darstellen, sondern müssen immer im Kontext der jeweiligen Themenfelder gesehen werden. Das Lernen von untereinander verbundenen topographischen Informationen im Rahmen der Topographischen Verflechtung ist eine **kognitive Strategie**, die beispielhaft das geordnete Aneignen von Faktenwissen über erinnerbare Bezugssysteme vermittelt. Diese Art der topographischen Arbeit eröffnet den Schülerinnen und Schülern Möglichkeiten, sich selbständig topographische Informationen zu beschaffen, sie einzuordnen und zu kodieren" (Lehrplan S1, S. 59ff).

Die topographischen Verflechtungen vermitteln kein umfassendes topographisches Wissen, erlauben aber, Beispielräume für diverse qualitative Merkmale kennen zu lernen und somit topographisches Wissen mit raumtypischen Eigenschaften zu verbinden. Dadurch erschließen sich ein fundierterer Umgang mit Karten und die Wahrnehmung eines Raumes im Kontext seiner wesentlichen Eigenschaft.

Lernpsychologische Vorteile innerhalb der Klassen 5-10, also im Alter zwischen 10-16 Jahren, sind hierbei die größen-progressive Betrachtung von Räumen, die Interessenrelevanz von Schülern, die entwicklungspsychologische Situation (gegenständliches Denken→abstrakten Denken), die sich entwickelnde Selbstständigkeit von Schülern und die Forcierung komplexen, raumanalytischen Denkens hinsichtlich der EU ab der Stufe 9.

Mit dieser Hervorhebung wesentlicher Aussagen folgt, dass obligatorische Vorgaben des Lehrplans S1 hinsichtlich Topographie sich auf folgende Säulen stützen:

∞   Topographische Verflechtungen (1.,2. und 4. Säule) (vgl. S.8 mittig),

∞   Fachrelevante Arbeitsweisen (3. Säule) (vgl. Folgendes),

∞   Arbeitsschritte zur Informations- und Erkenntnisgewinnung (3. Säule) (vgl. Folgendes) und

∞   Anfertigung von Kartenskizzen und Diagrammen (3. Säule).

Originale Begegnungen ermöglichen zusätzlich die Vermittlung von Kompetenzen: Eventuelle thematische oder topographische Karten anfertigen, lesen lassen etc..

Die Karte speziell als Darstellungs- und Arbeitsmittel wird in der Sek.1 wie folgt eingesetzt (vgl. S.4) und ermöglicht vielgestaltigen Einsatz:

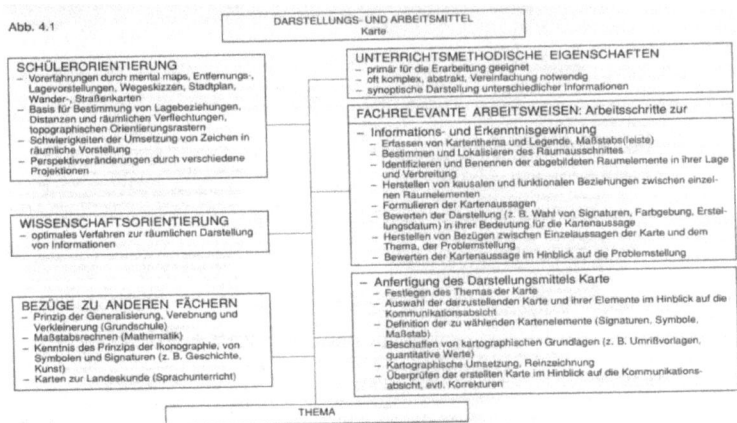

Abb. 5: Darstellungs- und Arbeitsmittel Karte (Quelle: LEHRPLAN S1, S. 89)

Hierin zeigt sich, dass der Dreischritt zur Interpretation einer Karte (beschreiben → analysieren → bewerten) im wesentlichen nur über das Beschreiben erfolgt, respektive der einfachen Herstellung einer Karte.

Die Einsatzmöglichkeiten des **Computers** (etwa **GIS-Systeme** oder Lernprogramme) werden innerhalb der Sek. 1 berücksichtigt und erlauben somit, topographische Inhalte animiert oder auch vertiefend zur Aneignung zu nutzen.

„Durch den Computer wird es möglich, eine Vielzahl von z. B. wirtschaftlichen, klimatologischen und/oder demographischen Daten anschaulich umzusetzen. Im Vergleich zu herkömmlichen Medien besteht der Vorteil des Computers in dem problemlosen Wechsel der Darstellungsarten. Die Befreiung von Routinearbeiten bei der Erstellung von Linien-, Säulen- und/oder Kreisdiagrammen oder bei der Anlage flächenhafter Darstellungen im Kartogramm eröffnet die Möglichkeit, schneller den jeweiligen Aussagewert im Vergleich zu reflektieren. Allerdings ist darauf zu achten, dass zuvor die Arbeitsschritte zur Anfertigung des jeweiligen Darstellungsmittels von den Schülerinnen und Schülern beherrscht werden.

Neben den genannten zentralen Anwendungsmöglichkeiten können auch Lern-, Demonstrations- und Übungsprogramme im Erdkundeunterricht eingesetzt werden. Sie bieten eine **alternative Form** des Übens und Wiederholens. Der punktuelle Einsatz, bei dem mit einem hohen Motivationseffekt zu rechnen ist, kann sinnvoll sein, da er die Möglichkeit bietet, fachrelevante Arbeitsweisen in individualisierter Weise zu trainieren. **Gute topographische Programme sind [folglich] eine Hilfe zur topographischen Orientierung"** (Lehrplan S1, S. 99ff).

Gemäß dieser Analyse lässt der Lehrplan ein breites Spektrum an Möglichkeiten zu, Fähigkeiten zur Orientierung zu vermitteln und somit maßgeblich die räumliche Orientierungskompetenz von Schülern zu fördern.

2.2.2   Sekundarstufe II

In der gymnasialen Oberstufe findet eine Intensivierung des Bereichs „Methoden und Formen selbstständigen Arbeitens" (vom nomothetischen Zugriff zum idiographischen → problemorientierte Raumanalyse eines konkreten Raumes) statt, so dass der Schüler selbstständig und vertieft Strukturen erarbeiten kann. Die Wichtigkeit und Essenz komplexerer Karten erscheint hier notwenig, da die Kompetenz in einem Maße gefördert werden soll, so dass Abiturienten mit den nötigen Fähigkeiten ihrem folgenden Studium adäquat begegnen können.

„Die Ferne und Komplexität geographischer Objekte bedingen, dass die Informations- und Erkenntnisgewinnung im Erdkundeunterricht überwiegend über Verfahren mittelbaren Lernens erfolgt, und zwar mit Hilfe von Darstellungs- und Arbeitsmitteln einschließlich informations- und kommunikationstechnologischer Medien. Die fachspezifische Arbeit mit Darstellungs- und Arbeitsmitteln hat einen besonders hohen Stellenwert im Erdkundeunterricht, weil sich nur durch die Kombination verschiedener Darstellungs- und Arbeitsmittel eine Annäherung an die realen räumlichen Verhältnisse ergibt.

Dies dient der Förderung des vernetzenden Denkens. Die Darstellungs- und Arbeitsmittel umschließen aus dem Alltag bekannte Mittel der Darstellung und Kommunikation ebenso wie jene aus der Fachwissenschaft. Mit ihrer Hilfe gewinnen die Schülerinnen und Schüler Erkenntnisse bzw. die Möglichkeit über die Erkenntnisse zu kommunizieren. Unter dem Aspekt der wissenschaftspropädeutischen Ausbildung kommt dem Dreischritt der Informations- und Erkenntnisgewinnung - Analyse, Synthese, Bewertung - und der kritischen Reflexion der Ergebnisse im Zusammenhang mit den verwendeten Darstellungs- und Arbeitsmitteln besondere Bedeutung zu.

▪ Unter dem Aspekt der **Medienkompetenz** zielt die kritische Reflexion darauf, Schülerinnen und Schülern bewusst zu machen, **in welcher Weise Wirklichkeit gefiltert, strukturiert oder manipuliert wird**. Sie befähigt somit zwischen direkt wahrgenommener und medial vermittelter Wirklichkeit zu unterscheiden (vgl. S. 3: Vierte Säule ‚Raumwahrnehmung').

▪ Die Anfertigung von Darstellungs- und Arbeitsmitteln (obligatorisch) zwingt zu einer Arbeitshaltung, die durch Genauigkeit und Ausdauer gekennzeichnet ist, und bietet Möglichkeiten zur Selbstständigkeit im manuellen Bereich. Der Einsatz moderner informations- und kommunikationstechnologischer Medien im Erdkundeunterricht der gymnasialen Oberstufe fördert grundlegende Arbeitsweisen, die in zukünftigen Lern- und Arbeitssituationen in Studium und Beruf weiter an Bedeutung gewinnen werden. Die Arbeit mit diesen Medien bietet vielfältige Möglichkeiten der Informationsbeschaffung, -verknüpfung, -auswertung und – beurteilung. Eigenaktive Tätigkeiten wie Recherchieren, Strukturieren, Verarbeiten, Präsentieren, Modellieren und Simulieren werden auf diese Weise gefördert. Indem elektronische Medien in der Regel vielfältige Materialien bieten, vermögen sie gemeinschaftliches Kommunizieren und Handeln, Diskutieren und Interpretieren, Befragen, Beobachten, Experimentieren und Bewerten zu fördern. Werkzeuge wie z. B. Autorensysteme erlauben den Lernenden die Herstellung eigener Medien. Solche Werkzeuge sind vielfach mit Text-, Grafik-, Karten-, Bild- und Tonbausteinen verbunden und bieten damit zusätzliche Möglichkeiten, den Umgang mit Darstellungs- und Arbeitsmitteln zu vertiefen. Sie eignen sich, komplexe räumliche Wirklichkeit „aufzuschreiben", darzustellen oder Informationen zu komplexen räumlichen Sachverhalten zu "lesen" oder zu "errechnen".

- Damit unterstützt der zielgerichtete Gebrauch der informations- und kommunikationstechnologischen Medien selbst organisierte Lernprozesse" (LP Sek. II, S. 17f; [vgl. S. 3: Dritte Säule 'Topographische Fähigkeiten']).

Die originale Begegnung als Verfahren des **unmittelbaren Lernens** konfrontiert den Schüler mit der Komplexität der räumlichen Wirklichkeit und berücksichtigt daher verstärkt die affektive Seite des Lernens. Sie fördert die Fähigkeit, selbstständig zu strukturieren und aktiv zu handeln und bedarf in besonderer Weise der Planungs- und Entscheidungsfähigkeit. Sie ist auf Präsentation von Ergebnissen angewiesen und kommt ohne Kooperation und Kommunikation nicht aus. Durch diese Merkmale ist das unmittelbare Lernen ein wesentlicher Beitrag zum Erwerb der raumbezogenen Handlungs- und räumlichen Orientierungskompetenz.

Topographische Aspekte der originalen Begegnung können hier sein:

- Beobachtungen (Maßstäbe besser verstehen),
- Kartierungen (Generalisieren),
- Orientierungen anhand topographischer Karten und
- Bewertungen vorgelegter Karten etc. (vgl. S. 3: Alle vier Säulen).

Die Karte speziell als Darstellungs- und Arbeitsmittel wird in der Sek.2 wie folgt präsentiert (vgl. S.4) und ermöglicht vielgestaltigen Einsatz:

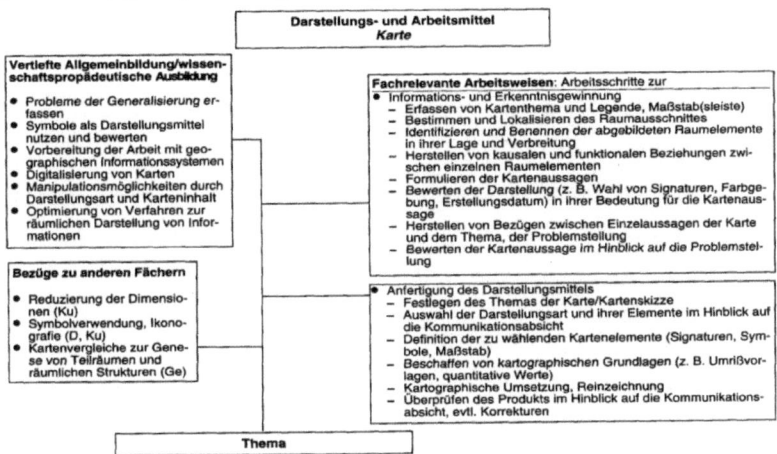

Abb. 6: Darstellungs- und Arbeitsmittel Karte (Quelle: LEHRPLAN S2, S. 24)

13

Topographische Inhalte in den Klassen 11-13 (GK und LK) lassen sich insgesamt folgendermaßen zusammenfassen (vgl. Abb.1: Vier-Säulen-Modell, S.3):

Klasse 11:

- Auswertung von Schrägluftbildern und aktuellen Karten des Schulumfeldes
- Vergleich mit älteren Karten (Raumidentifikation und –veränderung)
- Kartierungen + kartographische Darstellungen der Herkunftsländer von Nahrungsmitteln
- Kartierung + thematische Karten zur räumlichen Veränderung von Standorten

Klasse 12:

- Entwicklungsländer orten und thematische Karten interpretieren
- Graphische Darstellung von Handelsbeziehungen
- Raumanalyse Kenia: Kartenarbeit zum Tourismus
- Erstellung und Vergleich von mental-maps zur Bewusstmachung der subjektiven Wahrnehmung
- Vergleich historischer und aktueller Stadtpläne und –bilder
- Auswertung verschiedener Karten
- Kartographische Darstellungen: Fahrplanauswertung, Befragung, Zählung
- (Computergesteuerte) Kartierung von Grünflächen, Vergleiche zu Vor-Jahrgängen (Subjektivität)

Klasse 13:

- Erstellung einer Wandkarte zu den wirtschaftlichen Kernräumen der Welt, bedeutende Transportwege
- Graphische Darstellungen zur Arbeitsmigration: Herkunftsländer, Verweildauer...
- Karten zum Thema Tourismus: Interpretation und Beurteilung

Nach Beendigung der gymnasialen Schullaufbahn erfolgt schließlich die Abiturprüfung, die schriftlich oder mündlich erfolgen kann.

Topographische Inhalte in den Abiturprüfungsanforderungen (GK und LK) lassen sich folgendermaßen zusammenfassen:

- In den Abiturprüfungsanforderungen gibt es drei Anforderungsbereiche (Fokus Topographie)
  - 1. Wiedergabe von Kenntnisse: verschiedene Karten
  - 2. Anwenden von Kenntnisse: Anfertigung geeigneter Karten, korrekte Verbalisierung von Karteninhalten und –aussagen, vergleichen und darstellen
  - 3. Problemlösen und Bewerten: Prüfen der Aussagekraft von Darstellungs- und Arbeitsmitteln, Lücken und Intentionen mit bewerten, Konstruktionen von Räumen kritisch betrachten

Mit dieser Untersuchung wird deutlich, dass topographische Inhalte im Sinne der räumlichen Orientierungskompetenz einen hohen Stellenwert einnehmen können, wobei die einzelnen Säulen einer gewissen individuellen Gewichtung des Lehrers unterliegen. Insbesondere kommt innerhalb der gymnasialen Oberstufe der dritten und vierten Säule eine forcierte Bedeutung zu.

3   Fazit

3.1   Resümee

Topographische Inhalte nehmen - je nach Einsatz des Lehrers- einen großen Teil im Erdkundeunterricht ein. Auf Grund der ‚lockeren' Verfasstheit der Vorgaben, bietet der Lehrplan NRW ein breites Spektrum an vielfältigen Einsatzmöglichkeiten, aber auch an Meidungen topographisch-spezifischen Stoffes.

Die topographischen Kenntnissen, die ein Schüler haben sollte (vgl. HEMMER et al. 2005, S. 47 bzw. Anhang, S. 18), kann der Erdkundeunterricht im vollen Maße leisten, obgleich die topographischen Fähigkeiten viel wertvoller und wichtiger erscheinen, wenn man die Entwicklung mobiler Navigationssysteme betrachtet.

Mit dieser Beachtung zeigt der Lehrplan den hohen Stellenwert topographischen Inhalts, wobei der Lehrer eine gewisse Freiheit ihres konkreten Einsatzes zur Verfügung hat.

Insgesamt kann das Vier-Säulen-Modell der ,Räumlichen Orientierungskompetenz' eine sehr starke Berücksichtigung im Erdkundeunterricht erfahren, wobei das topographische Orientierungsvermögen innerhalb der Sek. I und die ganzen vier Säulen innerhalb der Sek. II als notwendige Basis im Lehrplan erwähnt werden.

3.2   Bewertung und Ausblick

Auf Grund stetig verbesserter Navigationssysteme und Routenplaner steht die zukünftige Herausforderung der topographischen Kompetenzen im Herstellen, Bewerten und Interpretieren. Zuzüglich ist ein topographisches Mindestwissen obligatorisch, das aber im Sinne von einer sturen Datenaufnahme nicht erfolgen darf, sondern mit ihrer Bedeutung von verflochtenen Informationen (vgl. S.8 mittig) hin zur holistischen und nachhaltigen Raumkompetenz in Beziehung gesetzt werden muss.

Dass die lebenswichtige Kulturtechnik ,sich orientieren können' maßgeblich durch den Geographieunterricht vermittelt wird, zeigt sich schließlich, auch wenn moderne Navigationssysteme einen geringen Teil dieser Technik ,verdrängen' mögen.

4   Literaturverzeichnis

1. BIRKENHAUER, J. (1996): Topographisches Mindestwissen. Orientierung als grundlegende Aufgabe des Erdkundeunterrichts. In: Praxis Geographie, Heft 7-8, S. 38-42

2. HEMMER, M. (2005): Kompetenzen und Standards für den Kompetenzbereich Räumliche Orientierung. Tischvorlage für das Treffen der Arbeitsgruppe „Nationale Bildungsstandards Geographie" am 6.10.2005 in Trier (DGT)

3. HEMMER, I., HEMMER, M., OBERMAIER, G. u. R. UPHUES (2005): Topographisches Mindestwissen Deutschland. In: Praxis Geographie, Heft 11, S. 46-48

4. HÜTTERMANN, A. (2005): Kartenkompetenz: Was sollen Schüler können? In: Praxis Geographie 11/2005, Seite 4-8

5. KIRCHBERG, G. (1984): Topographie und Orientierung. Aspekte zu einem unverzichtbaren Lernbereich des Geographieunterrichts. In: Praxis Geographie 4/1984, S. 6-8

6. MINISTERIUM FÜR SCHULE, WISSENSCHAFT UND FORSCHUNG DES LANDES NRW (Hrsg.) (1999): Sekundarstufe II Gymnasium/Gesamtschule. Richtlinien und Lehrpläne Erdkunde, Düsseldorf (=Schriftenreihe Schule in NRW, Nr. 4715)

7. MINISTERIUM FÜR SCHULE, WISSENSCHAFT UND FORSCHUNG DES LANDES NRW (Hrsg.) (2000): Sekundarstufe I Gymnasium. Richtlinien und Lehrpläne Erdkunde, Düsseldorf (=Schriftenreihe Schule in NRW, Nr. 3408)

8. PRAXIS GEOGRAPHIE (2005): Kartenarbeit. Heft 11

9. RINSCHEDE, G. (2005): Geographiedidaktik. Schöningh Verlag. Paderborn (=Grundriss Allgemeine Geographie)

Anhang:

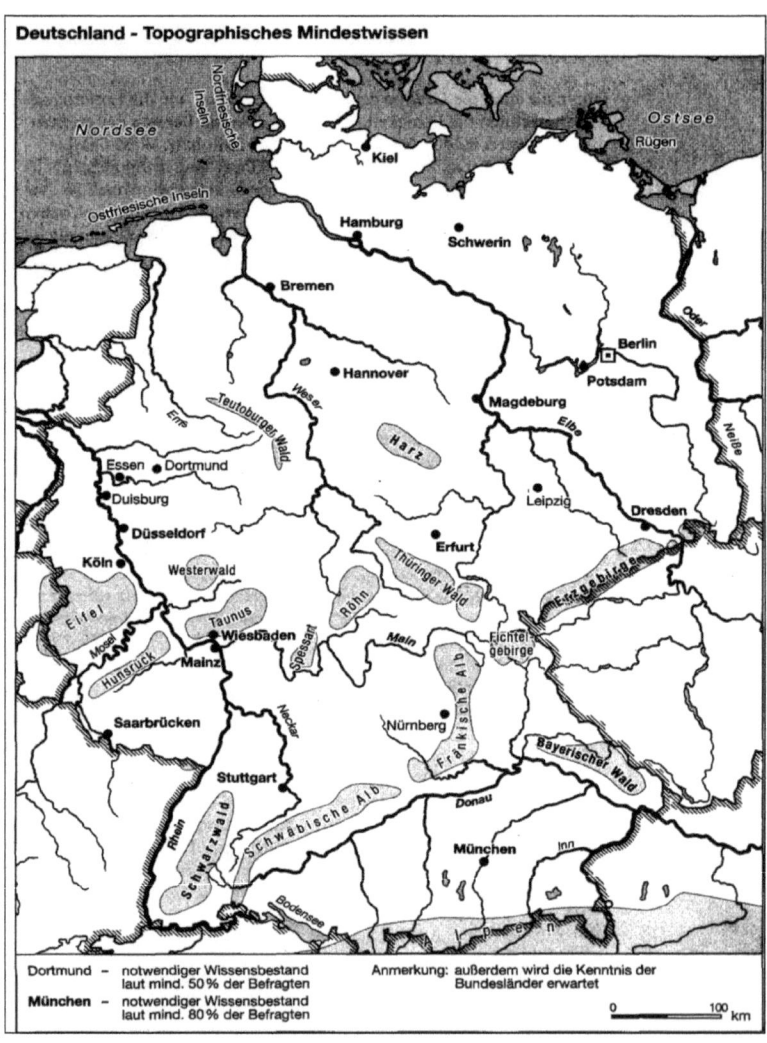

Abb. 7: Deutschland – Topographisches Mindestwissen (Quelle: HEMMER et al. 2005, S. 47)

Anmerkung zur Abb.: Diese Karte gibt, als Ergebnis einer Befragung gesellschaftlicher Spitzenrepräsentanten und Experten, Aufschluss darüber, welche topographischen Kenntnisse aus Sicht der Gesellschaft für wichtig erachtet werden.